いくえみ綾＆
くるねこ大和の
ねこ
しりとり
Loop Shiritori
Loop Shiritori

JN180848

もくじ

〈本書の楽しみ方〉
猫飼い歴30年以上の漫画家二人が交互にしりとりをします。ねこの「こ」から始まり「こ」で締める、延々続くループしりとりをお楽しみ下さい。

このマークのしりとり担当：くるねこ大和

このマークのしりとり担当：いくえみ綾

くるねこ
LoopShiritori LoopShiritori

ねこ⬇

こんびににいたねこ⬇

@そそられる理由

その一・立ち耳
（どう見てもフツーのブチ猫）

その二・もようが変
（特に左からのアングルがぶさいく…）

その三・生後10ヶ月
（見てる人皆に「でかくね!?」とつっこまれてる）

その四・同じケースにいた子猫たちはどんどん売れてゆく

その五・ゆえに半額

こんびににいたねこ

購買意欲をそそる猫

こうばいいよくをそそるねこ

くるねこ
LoopShiritori LoopShiritori
イタチか何かっ？
かわいい仔猫ちゃんですっッ

こうばいいよくをそそるねこ⬇

…これは猫？

…これはねこ？⬇

LoopShiritori LoopShiritori
いくえみ
2時間前に食べたよね？
そうなの……おかしいよね～～？……。

…これはねこ？⬇

こばらのすくねこ⬇

くるねこ
LoopShiritori
LoopShiritori
えーと…

困った猫

LoopShiritori
いくえみ
いや、あーた
ちょっと あーた
みて あーた
5粒

これっぽっち？と、直訴する猫

くるねこ
LoopShiritori
……猫？
かッ
かわいい
大猫ちゃん
ですッ

これっぽっち？と、じきそするねこ⬇

肥え太る猫

こえふとるねこ⬇

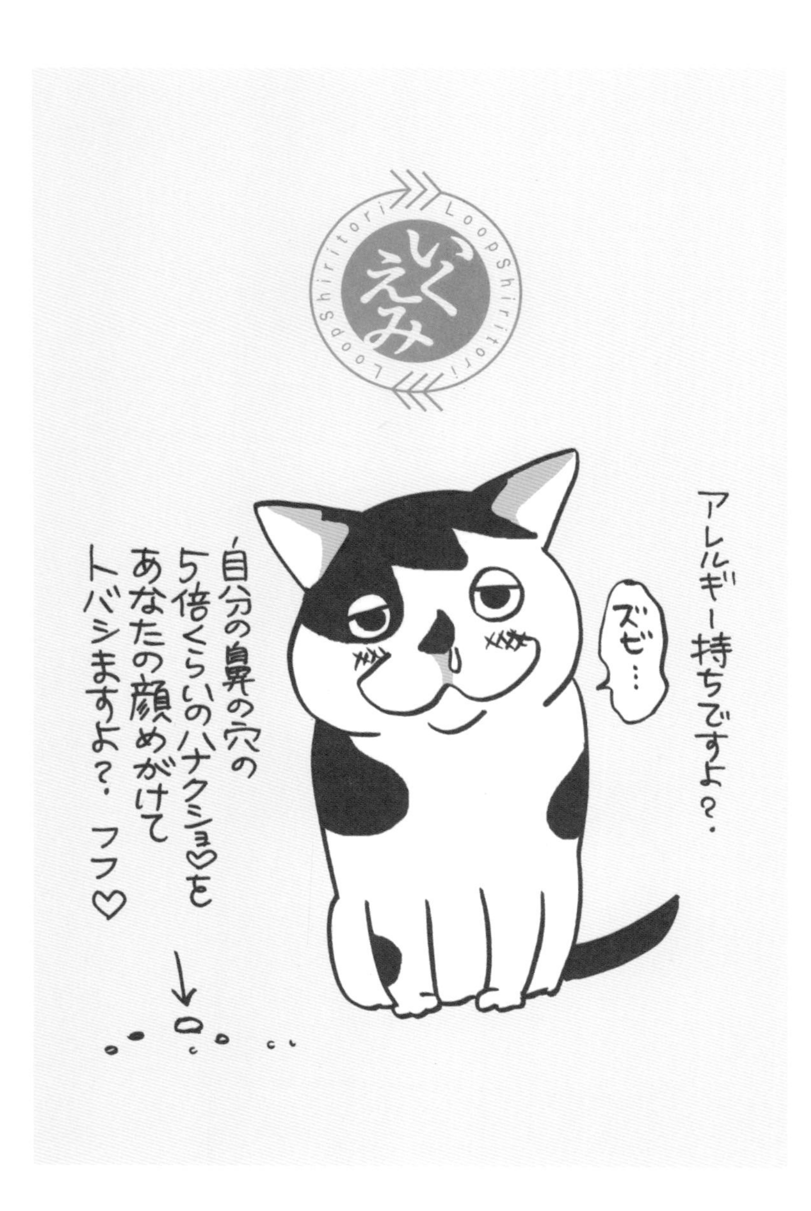
LoopShiritori
いくえみ
LoopShiritori
アレルギー持ちですよ？・
ズビ…
自分の鼻の穴の
5倍くらいのハナクショ♡を
あなたの顔めがけて
トバシますよ？・ フフ♡

こじらせた猫

くるねこ
Loop Shiritori
出社途中にひろったの
社長
あらコネ入社ですね
にくらしい

こじらせたねこ⬇

コネで入社した猫

こねでにゅうしゃしたねこ⬇

きなこは
きなこのシアワセしか
考えてませんが
それが
なにか？
いくえみ
LoopShiritori

こねでにゅうしゃしたねこ⬇

高慢ちきな猫

こうまんちきなねこ⬇

LoopShiritori
くるねこ
LoopShiritori
LoopShiritori
あら仲よしねー
コッカイギーンセンキョ
え…えらいこっちゃで…
う〜ん う〜ん

こうまんちきなねこ⬇

コック長がネコ、工場長もネコ、国会議員秘書すらネコ
コック長が猫、
工場長も猫、
国会議員秘書すら猫

こっくちょうがねこ、
こうじょうちょうもねこ、
こっかいぎいんひしょすら
ねこ⬇

LoopShiritori
LoopShiritori
いくえみ

こっくちょうがねこ、
こうじょうちょうもねこ、
こっかいぎいんひしょすら
ねこ⬇

コンマスがネコ、コンダクターもネコ、混声合唱団さえもネコ、コンマスがネコ、コンダクターもネコ、混声合唱団さえもネコ

コンマスが猫、
コンダクターも猫、
混声合唱団さえも猫

こんますがねこ、
こんだくたーもねこ、
こんせいがっしょうだんさえも
ねこ⬇

LoopShiritori
くるねこ
LoopShiritori
おくさん
まだ怒ってはる？
どないしたらやるしてくれるやろか
キミ知ってる？
せやなあ
ケーキがいいんでねえの
一番高いヤツ

こんますがねこ、
こんだくたーもねこ、
こんせいがっしょうだんさえも
ねこ⬇

コミュニケーション ツールが猫

コミュニケーションツールがネコミュニケーションツールがネコミュニケーションツールがネ

こみゅにけーしょんつーるがねこ⬇

LoopShiritori
いくえみ
LoopShiritori
ああああ
もう
3日も
……
……
なにも
たべて
ない……っ
おなかが
すいたな♡
たぷっ

こみゅにけーしょんつーるがねこ⬇

小芝居を打つ猫

こしばいをうつねこ⬇

LoopShiritori
くるねこ
新しいフードの味どうかな
ぷるるッ
ぷるるーにゃッ
ぷるるッぷるるーう

コメントする猫

LoopShiritori LoopShiritori
いくえみ
今はでっき犬のために建てた小屋に
いろんな子たちが
やって来る……
でかいよ
小屋。

こめんとするねこ↓

小屋暮らしの猫

こやぐらしのねこ↓

LoopShiritori
くるねこ
ニュッ
ニュ…
ニュッ
近い近い近い

こっそりと来る猫

LoopShiritori LoopShiritori
いくえみ
まぁ、たいがい
……
……
……
このヒトの勝ち
……
……

小競り合いの末
勝ち取る猫

くるねこ
LoopShiritori
こね
こね
こね
こね
こねり

仔猫にこねられる猫

ねこにこねられるねこねこにこねられるねこねこにこねられるねこねこにこねられる

LoopShiritori
いくえみ
LoopShiritori
LoopShiritori
んもォ
サイコー〜
だと
おもうのねッ

こねこにこねられるねこ⬇

粉物と猫

こなものとねこ⬇

くるねこ
LoopShiritori
すみません
猫が心配で
やははははは
ざま～
王様ゲーム
やんややんや

コンパより猫

これで
ぜひ お宅の
かわいらしい
猫ちゃんを・・・
ズァーー
おおおおおっ
LoopShiritori
いくえみ
LoopShiritori
いら
にゃい・・・・
そんな
ものには
代えられ
にゃい・・・・♡

こんぱよりねこ⬇

小判より猫

こばんよりねこ⬇

くるねこ
LoopShiritori
LoopShiritori
もらって
下さい

こばんよりねこ⬇

古代中国の伝説の崑崙山の
八仙より遣わされた齢千年
は超えようかという神獣が
姿を変えたのがこの猫

こだいちゅうごくのでんせつの
こんろんさんのはっせんより
つかわされたよわいせんねんは
こえようかというしんじゅうが
すがたをかえたのがこのねこ⬇

LoopShiritori LoopShiritori
いくえみ

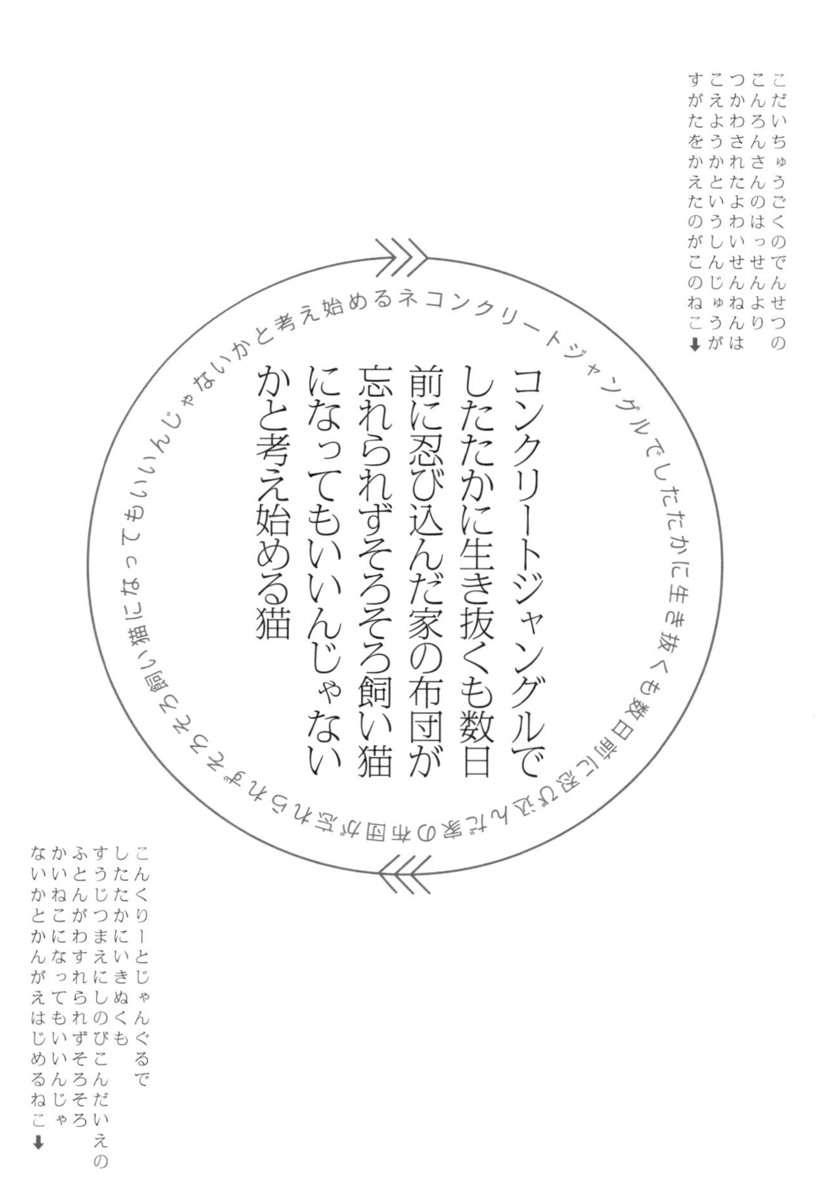
こだいちゅうごくのでんせつの
こんろんさんのはっせんより
つかわされたよわいせんねんは
こえようかというしんじゅうが
すがたをかえたのがこのねこ
⬇
コンクリートジャングルでしたたかに生き抜くも数日前に忍び込んだ家の布団が忘れられずそろそろ飼い猫になってもいいんじゃないかと考え始めるネコ
コンクリートジャングルで
したたかに生き抜くも数日
前に忍び込んだ家の布団が
忘れられずそろそろ飼い猫
になってもいいんじゃない
かと考え始める猫
こんくりーとじゃんぐるで
したたかにいきぬくも
すうじつまえにしのびこんだいえの
ふとんがわすれられずそろそろ
かいねこになってもいいんじゃ
ないかとかんがえはじめるねこ
⬇

ほぅ ほぅ
っとっとっと

こんくりーとじゃんぐるで
したたかにいきぬくも
すうじつまえにしのびこんだいえの
ふとんがわすれられずそろそろ
かいねこになってもいいんじゃ
ないかとかんがえはじめるねこ
⬇

コンクリートに記念スタンプする猫

コンクリートに記念スタンプするネコンクリートに記念スタンプするネコンクリートに記念スタンプするネ

こんくりーとにきねんすたんぷするねこ
⬇

いくえみ
LoopShiritori
LoopShiritori
おんもはね、おもってたより こわかったよ…
もう にどと いきたくないわ～～
脱走は こりごり ですよ☆
エヘ
バカ
もう しないね？

こうかいするねこうかいするねこうかいするねこうかいするねこうかいするねこうかいするねこうかいするねこうかいするねこうかいするねこ

後悔する猫

ポキッ
ゴッ
くるねこ
LoopShiritori

こうかいするねこ⬇

骨折の原因は猫

こっせつのげんいんはねこ⬇

LoopShiritori LoopShiritori
いくえみ
とにかく
ゴムがすき!!
ゴム ゴム ゴム

こっせつのげんいんはねこ⬇

コレクションに酔いしれる猫

これくしょんによいしれるねこ⬇

くるねこ
LoopShiritori
あ、サーカン
なんか汚なっこいけど？
毛ぼこり
ビニル
紙クズ

こじゅうとのようなねこじゅうとのようなねこじゅうとのようなねこじゅうとのようなねこ

小姑のような猫

これくしょんによいしれるねこ

こじゅうとのようなねこ

LoopShiritori
いくえみ
いつもビミョ〜に
ね？
ね？
コワイ
コワイ
ね？
ね？
隠れる
位置にいる
いぢめられっ子…

こしぎんちゃくなねこしぎんちゃくなねこしぎんちゃくなねこしぎんちゃくなねこしぎんちゃくなねこしぎんちゃく

腰巾着な猫

LoopShiritori LoopShiritori
くるねこ
もー

紅葉に高揚する猫

こうようにこうようするねこ

いくえみ
LoopShiritori LoopShiritori
わ〜〜 いっぱい
産まれたね〜〜
って
なんかおかしくね？
♂
♂

こうようにこうようするねこ

子宝に恵まれる猫

こだからにめぐまれるねこ

くるねこ
Loop Shiritori
Loop Shiritori
んん？

コーギーっぽい猫

あのね？
さっきうんちしたから
しかもすっごいやつ
きれいにしといてね？
ゴハンもなかったみたい
入れといてもいいけど
食べる時には歌うたって
腰をさすってくださいね？
そのあと甘えたくなる
予定だから
ソファあけといてちょうだい？
ブラシは今日はいらないっス
爪切りは問題外
マッサージおねがいね？
いくえみ
Shiritori LoopShiritori LoopShiri

小間使いを駆使する猫

こまづかいを駆使するねこまづかいを駆使するねこまづかいを駆使するねこまづかいを駆使するね

くるねこ
LoopShiritori LoopShiritori
うろ〜く
う〜ん

こまづかいをくしするねこ⬇

コブラツイストをかける猫

こぶらついすとをかけるねこ⬇

LoopShiritori
いくえみ
LoopShiritori
だいちゅき♡
スキー♡
あいしてるわ…♡
なぜかモテモテの猫がいる…
見た目は関係ないらしいよ？

好意を持たれる猫

LoopShiritori LoopShiritori
くるねこ
とぉー
おかえりー

こっぱみじんにしてくれやがったねこっぱみじんにしてくれやがったねこっぱみじんにしてくれやがったね

こっぱみじんにしてくれやがった猫

LoopShiritori
LoopShiritori
いくえみ

こっぱみじんにしてくれやがったねこ⬇

狛犬かと思ったら猫

こまいぬかとおもったらねこ⬇

Loop Shiritori
くるねこ
Loop Shiritori
プ〜ン
カモ
ここなあ あいつで 大丈夫？
あれ ながぐつじゃなくて リングシューズですよね
まひあのボス
は、そーゃー 問題じゃないっ？

こまいぬかとおもったらねこ⬇

コードネームは長靴をはいた猫

こーどねーむはながぐつをはいたねこ⬇

LoopShiritori
いくえみ
LoopShiritori
毎日
変わった事は
何もなく
うむ
うむ
ごはんは
あいかわらず
おいしく
まむ
まむ
寒くもなく
暑くもなく
ゆっくり
ぐっすり
眠れるならば
それに
勝る
シアワセは
ナシ
ふむ
ふむ

こーどねーむはながぐつをはいたねこ⬇

事勿れ主義な猫

ことなかれしゅぎなねこ⬇

くるねこ
Loop Shiritori
時に和尚（おなら）転失気はございますかな
医者
てんしき？？？？
知ったかぶり
てんしき…？ えええええ ございますとも
てんしき てんしき… あー そうそう 今朝 味噌汁の実にしていただきました
どッ
わはははははは

高座に猫

いくえみ
LoopShiritori
「あ〜あ〜だめでしょ〜そんなことしたら〜〜」
「今日お耳日曜日」
「かわい〜ね〜世界一かわい〜ね〜こんなかわいい子見たことな〜〜い」
「でしょ!?でしょ!?」
「そんな悪い子は知らないっもうかわいがってあげないっ」
「……」
「嘘だよ一生かわいがるよダイジダイジの子よ」
「ですよね〜!?」

言葉を完璧に理解する猫

くるねこ
LoopShiritori LoopShiritori LoopShiritori

こんな日には猫

すきよ
すきよ
あいしてるわ
あなただけよ
あんなやばんな
みつぎものなんて
ちゃんちゃらおかしいわ
なんてバカな男
ウフフフフフフフフ
……
LoopShiritori
いくえみ
LoopShiritori

恋い焦がれる猫

こい焦がれるねこい焦がれるねこい焦がれるねこい焦がれるねこい焦がれるねこい焦がれるね

ま
いいさ
ふぉーん
くるねこ
LoopShiritori
LoopShiritori

こいこがれるねこ⬇

コタツの中にも
上にも外にも猫

コタツの中にも上にも外にもネコタツの中にも上にも外にもネコタツの中にも上にも外にもネ

こたつのなかにもうえにもそとにもねこ⬇

いくえみ
LoopShiritori
LoopShiritori

こたつのなかにもうえにもそとにもねこ

今宵あなたのもとに猫

こよいあなたのもとにねこ

LoopShiritori
くる
ねこ
大特価!!
¥9800
スタッフに
聞いて下さい

こよいあなたのもとにねこ

心に残る猫

こころにのこるねこ

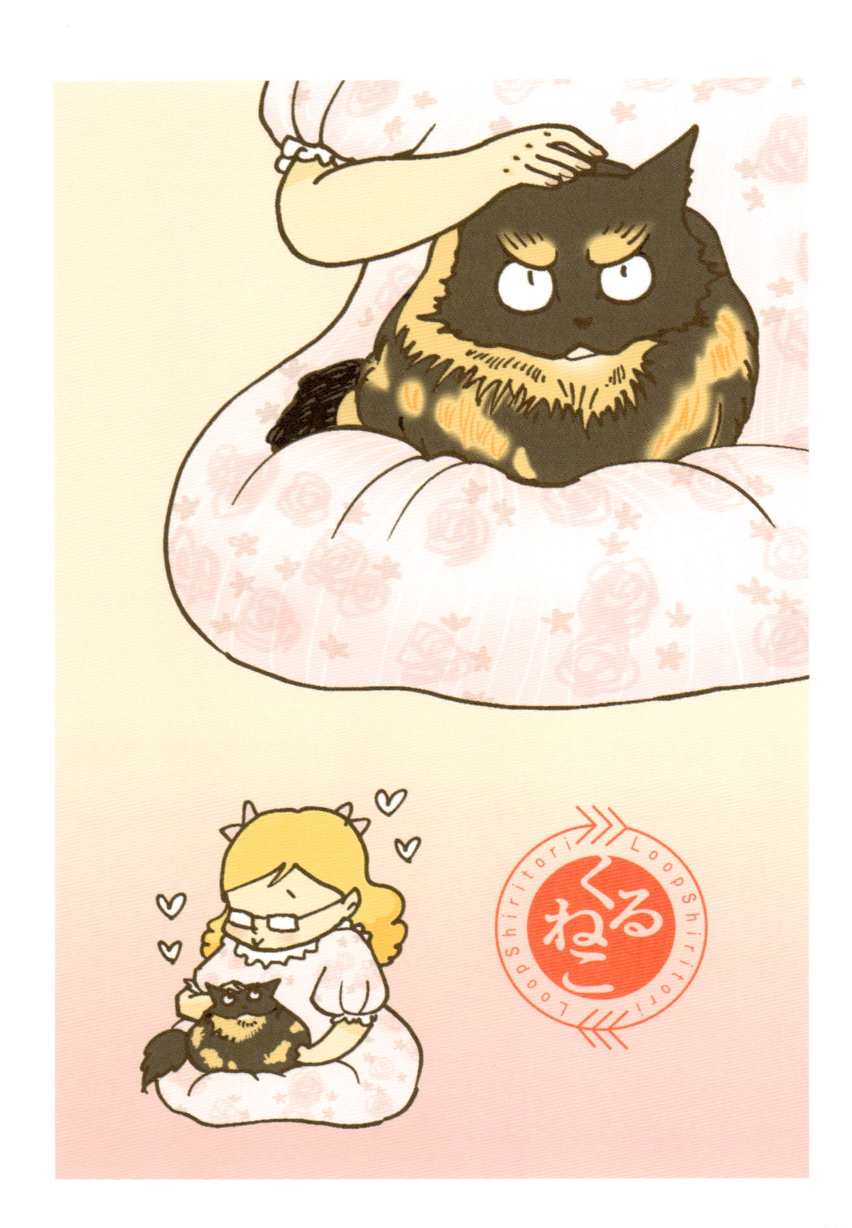
くるねこ
LoopShiritori

幸福な猫

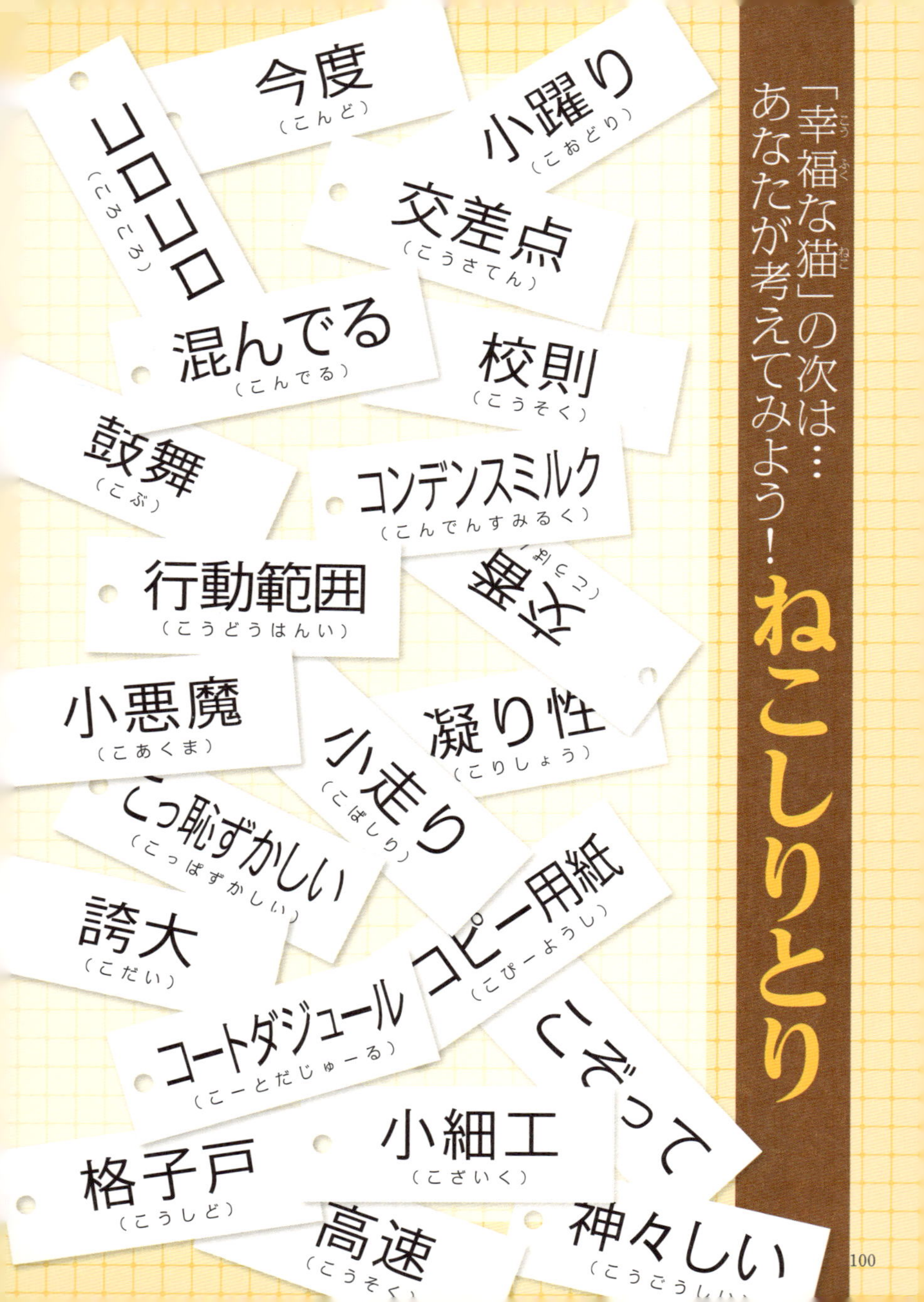
「幸福な猫」の次は…
あなたが考えてみよう！
ねこしりとり
今度（こんど）
コロコロ（ころころ）
小躍り（こおどり）
交差点（こうさてん）
混んでる（こんでる）
校則（こうそく）
鼓舞（こぶ）
コンデンスミルク（こんでんすみるく）
行動範囲（こうどうはんい）
小悪魔（こあくま）
凝り性（こりしょう）
小走り（こばしり）
こっ恥ずかしい（こっぱずかしい）
誇大（こだい）
コピー用紙（こぴーようし）
コートダジュール（こーとだじゅーる）
こぞって
小細工（こざいく）
格子戸（こうしど）
高速（こうそく）
神々しい（こうごうしい）

ねこ
ねこ
ねこ

光速（こうそく）
こうこう
焦げた（こげた）
コツコツ（こつこつ）
コリアンダー（こりあんだー）
神戸（こうべ）
小粋な（こいきな）
転ぶ（ころぶ）
固定（こてい）
こんにちは
狡い（こすい）
小脇に（こわきに）
このような
故意（こい）
声（こえ）
小刻み（こきざみ）
氷（こおり）
拘束（こうそく）

Queenからの手紙
親愛なるプリンセスきなこ様。
はじめまして。
私、早乙女家の女王クイーン・オブ・サオトメ。
略してQちゃんと呼ばれているわ。
Queen of Saotome
えっ
そうだっけ？
当家の紹介
早乙女 執事
兄弟丁稚
フランシスコでっち
アンジェリコでっち
執事はまぁそこそこよくやってくれてるわ。
丁稚ズは…
シャーッ
ふふ
しゃぶしゃぶ…
うぇー…！

■「早乙女くんとQちゃん」2017年12月現在、月刊バーズで連載中♥

◀きなこさんからのお返事は次ページ！

Qちゃん様♡
こんにちは。お手紙ありがとう
あなたのきなこです。
プリンセスと呼んでくれて
嬉しいわ♡
だってね?・アタシ……
実をいうと……

けっこうなお年寄りなの……

ヨボヨボ

後ろ姿が特に
・キテる・って
言われるわ
……

だけどアタシは
負けないのよ

だって
プリンセスですもの

お花が多少
似合わなくたって
お耳が多少
遠くなったって

アタシが一声
発すれば——
ホラ!

ぎゃあぁあぁいっ

……

アラ？

ぎゃあぁあっっっ

なんでそんな…

恐竜みたいな声なんだろうねえ…

きょう　りゅう？

親愛なるQ様――

下々の者にはアタシたちの高貴さは理解できないのでしょうね

まいっちんぐよ

これからもアタシたち二人たおやかに生きてゆきましょうね

永遠の友 きなこより。

■きなこさんは、いつまでもいくえみさんちのアイドルです☆

おわり

おまけ2・反省マンガ by くるねこ大和

嗚呼、罪深き迷える子羊(?)たちよ……。

おわり

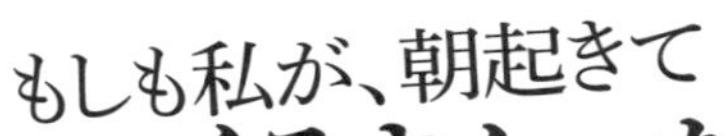

もしも私が、朝起きて くるさんになっていたら

ある夜
夢に
白い猫が現れて
言う事にゃ

これは
若返りの薬でし。
おひとついかがでしか?

いくえみ綾

■おや、口調が…?

チュン チュン チュン

目覚めたら
コレっす。
確かに若返ってはいる…!!
いるけども
…………
私としてはもっとこう…
20代の…ピチピチの…
ゴニョゴニョ
中途半端に若返ったところで
ここがくるねこハウスだと気付く
気づきましたね? ごはんください
ぐ〜
ぐ〜
は?
あなたはもうこの家の住人でし
ごはんください
ぐ〜
ぐ〜
…………
あなたは意志が弱いので請われるままにごはんを出してしまうと聞きましたごはんください
ぐ〜
ぐ〜

計画通り。
ハハハハ
残念だな
白い猫！
今の私は
くるねこ大和！
毎日きっちり
同じ時間に
同じ容量のカリカリを
正しく与え続けるのだ
ハハハハハハハ
ヤフベ くるねこ 板に付いてきた
ス…
あ…
ゴジドス
か…
ポめし♡
かわ…
かわ…
オーサーシー
ミ――♡
ああ…
かーすん
かーすん
きゃわわわん…
そういえば……
きゃわわわん…
うちにもたくさん……
……
そうだ
きゃわわわん…
おうち……
おうちに帰らなきゃ……

そう、目覚めたら私はいつもの私

ほ～さむさむ
オハヨー
オソヨ～
いつもオソイよね～
アハハ
ゴハンでし
ゴハンでし
きなこょブラシまちょよ
コチャ～

夢オチけっこう白いヤツめ

ただあの夢から帰ってきた私は

5時までガマン
カラ…

猫のダイエットにキビシクなったという――。

…
えー めいわくー

■身体が覚えてる、きっちりごはん魂(スピリット)…!! 効果はいつまで?

おわり

もしも私が、朝起きて いくえみさんに なっていたら

くるねこ大和

■カフカ…？

変身

ある朝
くるねこ大和が
目をさますと
自分が寝床の中で
いっぴきの巨大な猫に

乗られている事に気付いた
じー

この仔はどこかで見たような

だが
そこが
いい!!
カシャ
カシャ
カシャ
スマホ

よし!
この行動も
いくえみっぽいわ
※敬称略

ツンツクテン♪
ツクツクテン♪
幻冬舎
コミックス
編集
うそ

大丈夫、今私は
いくえみボイス!!
声では
バレない!!
トークの内容に
気をつければ
大丈夫よ!!

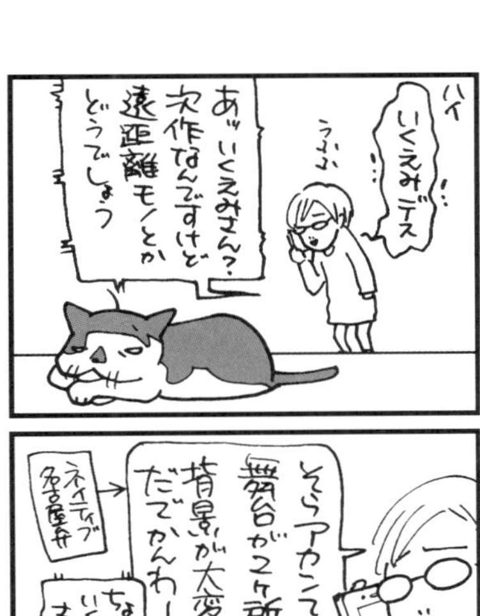
ハイ
いくえみデス!!
うふふ…
あっいくえみさん?
次作なんですけど
遠距離モノとか
どうでしょう

そらアカンてー
舞台が2ヶ所だと
背景が大変
だでかんわー
ネイティブ
名古屋弁
ちょっ…
いくえみ
さん?
うをッ
しまった
つい

北海道弁
ワカラナイ
えーと
北海道人と
言えば
ドリカム
グレイ
安全地帯
なんか
ちがうの
いる
なのなので

いや、そういや
いくえみさんは
標準語だった
すずみませ〜ん
ヘンな事を言ってま
…言ってしまって〜
いえ
いえ

くるねこさんかと思いましたよーハハハハハー
せいかい
ヤダナー
モー
ホボボ
はっ

きっ
きなこた〜ん

すみませんきなこたんがチョーかわいいので失礼しますっ
シーコー
うふ〜ん
きなこた〜ん
どしたのううう?
うふふ

アッ
ブ??
くりっ

あそびますとも〜〜
それ〜
や〜
それ〜
ほほほ
それそれ
れい

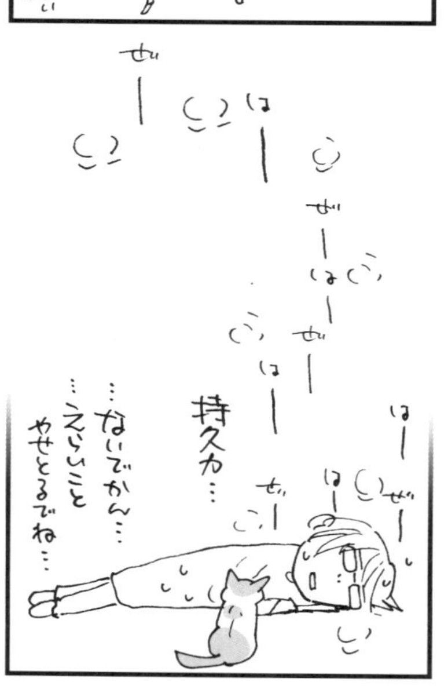
ぜー
はー
ぜーはーぜー
はー
持久力…
はーはー
ぜーぜー
…ないでかん…
…えらいことやせとるでね…

変身

ある朝
いくえみ綾(偽)が
目を覚ますと

すこし不思議なお話……それがSF!!

おわり

ねこ
しりとり